BEI GRIN MACHT SICH IHR WISSEN BEZAHLT

- Wir veröffentlichen Ihre Hausarbeit, Bachelor- und Masterarbeit

- Ihr eigenes eBook und Buch - weltweit in allen wichtigen Shops

- Verdienen Sie an jedem Verkauf

Jetzt bei www.GRIN.com hochladen und kostenlos publizieren

Klassifizieren, Schätzen, Zeichnen und Messen verschiedener Winkel. Eine Lerntheke zur Förderung selbstregulierten und selbstständigen Arbeitens in einer 5. Klasse

Niels Mertens

Bibliografische Information der Deutschen Nationalbibliothek:

Die Deutsche Nationalbibliothek verzeichnet diese Publikation in der
Deutschen Nationalbibliografie; detaillierte bibliografische Daten sind
im Internet über http://dnb.d-nb.de abrufbar.

ISBN: 9783346269331
Dieses Buch ist auch als E-Book erhältlich.

© GRIN Publishing GmbH
Nymphenburger Straße 86
80636 München

Druck und Bindung: Books on Demand GmbH, Norderstedt Germany
Gedruckt auf säurefreiem Papier aus verantwortungsvollen Quellen

Das vorliegende Werk wurde sorgfältig erarbeitet. Dennoch
übernehmen Autoren und Verlag für die Richtigkeit von Angaben,
Hinweisen, Links und Ratschlägen sowie eventuelle Druckfehler keine
Haftung.

Das Buch bei GRIN: https://www.grin.com/document/899565

Thema der Unterrichtseinheit:

Welt der Winkel – eine Lerntheke zur Förderung selbstregulierten und selbstständigen Arbeitens beim Klassifizieren, Schätzen, Zeichnen und Messen verschiedener Winkel in einer 5. Klasse.

Thema der Unterrichtsstunde:
Winkel schätzen, benennen und messen

Einbindung der Unterrichtsstunde in die Unterrichtseinheit:

1.Stunde: Einstieg in das Thema Winkel

2.Stunde: Umgang mit dem Geodreieck

3.Stunde: Winkelarten

4.Stunde: Winkelschätzung

5.Stunde: Winkel messen

6.Stunde: Winkel schätzen, messen (Lehrprobe)

Groblernziel der Unterrichtsstunde: Die Schülerinnen und Schüler[1] sollen ihre Kompetenz im Schätzen, Benennen und Messen eines Winkels vertiefen.

Feinlernziel: Die SuS sollen ihren richtigen Umgang mit dem Geodreieck weiter vertiefen.

Die SuS sollen ihre Methodenkompetenz weiter vertiefen, indem sie selbstständig verschiedene Stationen bearbeiten und hierzu eine Rückmeldung anfertigen

---

[1]Aus Gründen der sprachlichen Vereinfachung wird im Folgenden für Schülerinnen und Schüler die geschlechterumfassende Bezeichnung SuS gebraucht. Des Weiteren wird stellvertretend für beide Geschlechter das maskuline Genus verwendet.

Anmerkung der Redaktion: Teile des Anhangs wurden aus urheberrechtlichen Gründen entfernt.

1

Bedingungsanalyse

Seit Beginn des Schuljahres 2019/20 unterrichte ich eigenverantwortlich das Fach Mathematik in der Klasse 5. Die Lerngruppe besteht aus 25 SuS, davon 12 Jungen und 13 Mädchen. Viele SuS besuchten die gleiche Grundschule oder waren schon in derselben Klasse. Dies zeigt sich dadurch, dass teilweise schon Freundschaften bestehen und die SuS sich gegenseitig schon kennen. Als stellvertretender Klassenlehrer konnte ich während der Anfangswoche zusammen mit der Klassenlehrerin die einzelnen SuS gut kennenlernen, gleichzeitig wurde hierdurch auch eine erste feste Bindung für die SuS an „ihre" Lehrer geschaffen. Dies zeigt sich dadurch, dass viele SuS sehr offen mit ihren Sorgen und Wünschen auf mich zugehen und mir ihre Alltagssorgen mitteilen oder von besonderen Ereignissen erzählen. Dies zeugt von einem guten Vertrauensverhältnis zwischen SuS und Lehrer. In den Mathestunden ist besonders die starke Heterogenität eine Herausforderung. So sind einzelne SuS sehr ehrgeizig, strebsam und beherrschen beispielsweise die Grundrechenarten schon sehr gut, andere SuS haben hierbei noch Schwierigkeiten und bedürfen daneben oftmals auch der persönlichen Hinwendung, um mit der Arbeit zu beginnen oder die Aufgabenstellung zu erfassen. Aufgrund dessen werden im Folgenden einzelne SuS näher vorgestellt.

H ist ein sehr offener Schüler. Trotz seiner diagnostizierten ADHS, welche in Behandlung ist, arbeitet H sehr strebsam im Mathematikunterricht mit.

B zeigt im Mathematikunterricht oftmals ein auffälliges Verhalten. Oftmals fehlt benötigtes Arbeitsmaterial, dieser Situation wird durch Mitteilungen an seine Eltern oder auch Elterngesprächen entgegengewirkt. Im Unterricht ist B oftmals abgelenkt und lenkt auch gerne seine Mitschüler vom Unterricht ab. So malt er gerne oder längt andere SuS durch Grimassen ab. Aufgrund dessen sitzt er im Blickfeld der Lehrkraft. Gerade Lernsituationen mit Bewegungen kommen ihm entgegen.

Die Zwillingsschwestern E und L haben im Mathematikunterricht Schwierigkeiten. Beiden fällt es schwer, sich sicher in den Grundrechenarten zu bewegen und diese mit der adäquaten Sicherheit und Schnelligkeit anzuwenden.

Diese Verunsicherung spiegelt sich auch in anderen Themenfeldern wider. So sind beide recht unsicher bei der Bearbeitung von Aufgaben und holen sich des Öfteren eine Rücksicherung beim Lehrer. Neben einer positiven motivierenden Ansprache durch den Lehrer wurde ein Helfersystem initiiert.

Als hilfreich hat sich in dieser Situation erwiesen, wenn leistungsschwächere SuS hierbei die Unterstützung durch einen leistungsstarken Sitznachbarn bekommen. Gleichzeitig profitieren leistungsstärkere SuS durch die Repetition. Dieses Helfersystem ist den SuS bekannt und wird auch von anderen SuS intuitiv genutzt.

T ist ein sehr ruhiger Schüler. Dennoch zeigt sich, dass T oftmals eine persönliche Ansprache braucht um mit Arbeitsanweisungen zu beginnen. Sind die Aufgaben beendet, möchte T diese durch die Lehrkraft kontrolliert wissen, um sicher gehen zu können, inwiefern er diese richtig berechnet hat und er keinen Fehler gemacht hat. Dieser Situation wird oftmals durch Partnerkontrolle begegnet oder durch das Bereitstellen von Musterlösungen, mithilfe dessen eigenverantwortlich kontrolliert werden kann.

R ist erst wenige Wochen in der Klasse. Zuvor war er an der IGS N angemeldet, besuchte diese sehr unregelmäßig (Schulaversion) und wechselte auch deshalb an unsere Schule. R besuchte mit einer Vielzahl von SuS dieselbe Grundschule, sodass ihm die anderen SuS bekannt sind. Aufgrund der ausgedehnten Schulversäumnisse fehlt R ein Großteil des Lerninhaltes des letzten Schulhalbjahres. Es zeigte sich, ähnlich wie bei T, dass R ein sehr ruhiger Schüler ist, der oftmals eine persönliche Ansprache braucht, um mit Arbeitsanweisungen zu beginnen. Beim Arbeiten braucht R oftmals persönliche Unterstützung. Deshalb sitzt er immer wieder temporär neben einer sehr starken und hilfsbereiten Schülerin, arbeitet jedoch auch alleine im Nahbereich der Lehrkraft. Von dem Thema Geometrie bzw. Winkel ist R sehr angetan, da dieses Thema losgelöst von vorherigen Lerninhalten ist und er hier keine Defizite zu anderen SuS hat. Zudem liegt ihm der handlungsorientierte Ansatz beispielsweise beim Messen und Zeichnen der Winkel.

L ist den anderen SuS körperlich voraus. Oftmals wirkt sie im Mathematikunterricht unkonzentriert, lustlos und teilweise sehr launenhaft. Beispielsweise äußert sie an manchen Tagen schon vor Beginn des Unterrichts ihre Unlust. L ist oftmals verunsichert in ihrem Vorgehen und braucht die persönliche Zuwendung der Lehrkraft. Hier reicht es meist schon, wenn das mathematische Vorgehen nochmals angesprochen wird und sich so die benötigte Sicherheit einstellt. Aufgaben erledigt sie anschließend jedoch ohne größere Schwierigkeiten.

L. zeigt im Matheunterricht meist eine gute Leistung. Auffallend ist, dass sie oftmals um die Aufmerksamkeit der anderen SuS und des Lehrers kämpft. So redet sie gerne mit dem Sitzpartner und stört so den Unterricht. Der Hintergrund ist hierbei in der Grundschule zu suchen, wo sie mit sozialer Ausgrenzung zu kämpfen hatte.

Ihr mathematisches Leistungsvermögen ist gut. Sie arbeitet sicher sowie mit Freude im Unterricht mit und beteiligt sich gerne auch mündlich.

Die Schülerinnen O, L und H sind alle recht leistungsstark. Alle drei haben jedoch den Anspruch, ihr Wissen den anderen SuS mitzuteilen. Oftmals kommt es zu lautstarken Äußerungen, die es entsprechend zu kanalisieren gilt. Insbesondere bei H ist es in der letzten Zeit besonders auffällig, dass sie durch Privatgespräche während des Unterrichts auffällt. Der Möglichkeit einer Unterforderung wurde mithilfe von differenzierten Aufgaben begegnet, dies führte jedoch nicht zum Erfolg bei der Minimierung von Privatgesprächen. Somit wird diesem durch konsequentes Ermahnen begegnet.

Das Themenfeld der Geometrie bietet gerade für die leistungsschwächeren SuS mit seinem verstärkten handlungsorientierten Ansatz großes Potenzial.

Für leistungsschwächere SuS ist es charakteristisch, dass diese oftmals verstärkt und intensiver auf der enaktiven bzw. ikonischen Ebene arbeiten müssen, um letztendlich zur symbolischen Ebene vorzudringen.

Die Klasse arbeitet auf eigenem Wunsch daran, eine angemessene Arbeitslautstärke zu finden. Hierzu wurde zusammen mit den SuS eine Art „Verwarnliste" entwickelt.[2] Diese wird wechselnd durch einen Schüler geführt. Auf dieser Liste werden einzelne SuS notiert (vom Lehrer „verwarnt", vom SuS notiert). Kommt es zu einer weiteren Ermahnung, schreibt der betroffene Schüler diese Verwarnung zur Kenntnisnahme durch die Eltern und den Grund seiner „Verwarnung" in sein Hausaufgabenheft und bekommt zusätzlich eine „Intensivstunde"[3]. Zur positiven Verstärkung wurde Folgendes erdacht: werden weniger als insgesamt drei Ermahnungen in der Stunde erteilt, bekommt die Klasse eine fünfminütige „Spielzeit". Hier wird dann oftmals das Mathespiel „Schülerduell" gespielt. Sodass spielerisch mathematische Inhalte vertieft und ausgebaut werden. Dies Verfahren ist den SuS in seiner Konsequenz bekannt und wird gut angenommen.

---

[2] Siehe Anhang „Verwarnliste"

[3] Hier wird zu einzelnen Inhalten vertiefend gearbeitet.

Aufgrund der überraschenden bzw. ausgedehnten Phase des „Homeschoolings" und der andauernden allgemeinen Verunsicherung, verbunden mit einem hohem Maß an Herausforderungen für Eltern und Schülerschaft ist zu erwarten, dass die SuS eine längere Phase der „Akklimatisierung" benötigen und ein „normaler" Unterricht nur eingeschränkt möglich ist.

So können verschiedene Methoden nur eingeschränkt praktiziert werden. Der partnerschaftliche Austausch der SuS untereinander wird nur eingeschränkt möglich sein bzw. ein gemeinsames Arbeiten ist fast ausgeschlossen.

Diesen Einschränkungen wurden bei der Konzipierung der Unterrichtseinheit nicht Rechnung getragen, sodass einzelne Stationen dementsprechend anders aufgebaut werden müssten.

Sachanalyse

Im Folgenden soll kurz auf den Begriff „Winkel" eingegangen und dieser fachgerecht erklärt wie auch definiert werden.

Abb. 1: Zur Definition des Winkels.

[4] Ein Winkel wird durch zwei von Punkt A ausgehende Strecken definiert und bestimmt den Winkel $\angle BAC$. Durch diesen Winkel wird eine Drehung festgelegt, welche die durch B gehende Halbgerade in die durch C verlaufende überführt. Der Punkt A kennzeichnet den Scheitelpunkt des Winkels. Die hiervon ausgehenden Strahlen durch die Punkte B und C heißen Schenkel. Bei der Definition von Winkeln ist die Orientierung wichtig. Hierbei wird die Drehung im Allgemeinen als gegen den Uhrzeigersinn (mathematisch positiv) betrachtet. Winkel werden mit kleinen griechischen Buchstaben (α, β, γ, ...) bezeichnet.

Zur Messung des Winkels verwendet man die Einheit Grad. Dabei entspricht der Vollwinkel 360°. Dieses Maß eines Winkels heißt Gradmaß. Eine andere Möglichkeit ist die Verwendung des Bogenmaßes. Dabei entspricht dem Vollwinkel die Größe 2π. Gebräuchlicher ist jedoch die Verwendung des Gradmaßes. Je nachdem wie viel Grad der Winkel hat, kann man diese unterscheiden.

---

[4] https://mathepedia.de/Winkel.html

Nullwinkel

Ein Nullwinkel hat, wie der Name schon sagt 0°. Beide Geraden liegen demnach aufeinander. Jedoch entsteht mehr als nur ein Winkel, wenn sich zwei Geraden schneiden. Diese werden im Folgenden kurz dargestellt.[5]

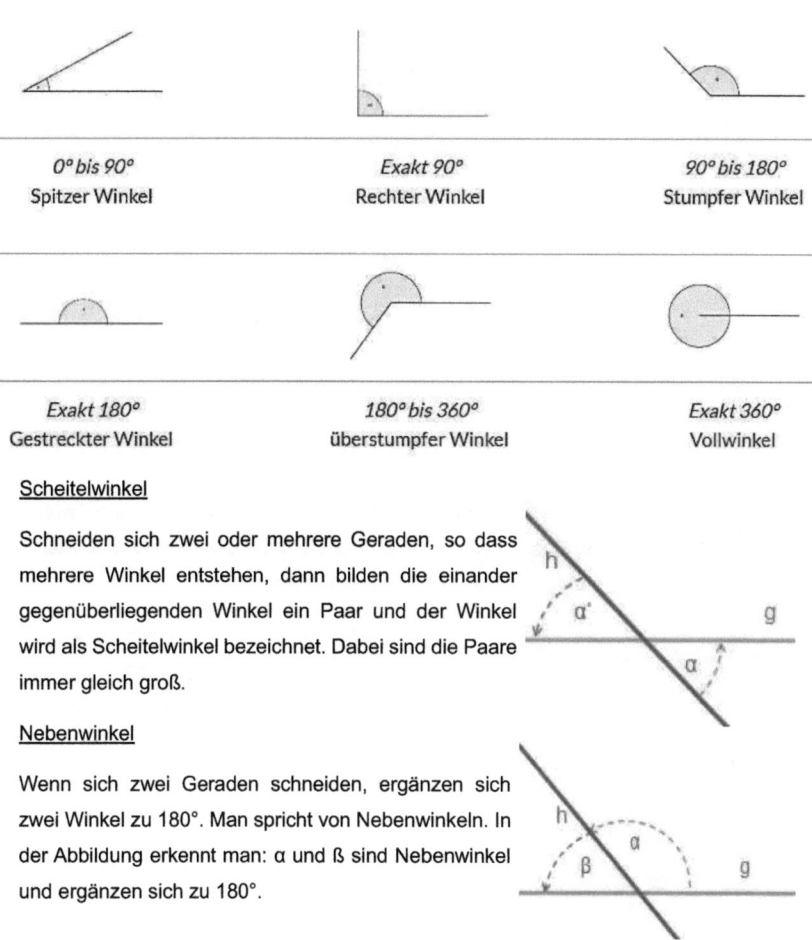

| 0° bis 90° | Exakt 90° | 90° bis 180° |
| Spitzer Winkel | Rechter Winkel | Stumpfer Winkel |

| Exakt 180° | 180° bis 360° | Exakt 360° |
| Gestreckter Winkel | überstumpfer Winkel | Vollwinkel |

Scheitelwinkel

Schneiden sich zwei oder mehrere Geraden, so dass mehrere Winkel entstehen, dann bilden die einander gegenüberliegenden Winkel ein Paar und der Winkel wird als Scheitelwinkel bezeichnet. Dabei sind die Paare immer gleich groß.

Nebenwinkel

Wenn sich zwei Geraden schneiden, ergänzen sich zwei Winkel zu 180°. Man spricht von Nebenwinkeln. In der Abbildung erkennt man: α und ß sind Nebenwinkel und ergänzen sich zu 180°.

---

[5] Darstellungen und Erläuterungen der folgenden Winkel sind entnommen aus:
https://www.mathematik-wissen.de/winkel.htm u. https://www.mathematik.de/algebra/168-erste-hilfe/geometrie/grundbegriffe/1523-winkel (letzter Aufruf 15.04.2020)

Stufenwinkel

Diese Art von Winkel entsteht, wenn zwei Parallelen von einer Geraden geschnitten werden.

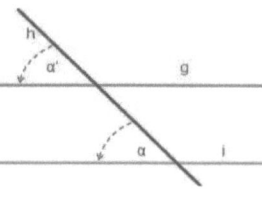

Somit entstehen zwei Schnittpunkte mit je vier Winkeln. Dabei heißen die gegenüberliegenden Winkel Scheitelwinkel und sind gleich groß. Auch die Stufenwinkel sind gleich groß, da die Gerade die zwei Parallelen mit dem gleichen Winkel schneidet.

Wechselwinkel

Mit Wechselwinkel bezeichnet man einen Scheitelwinkel zum Stufenwinkel. Dadurch, dass Scheitelwinkel und Stufenwinkel gleichgroß sind, sind auch Wechselwinkel gleichgroß.

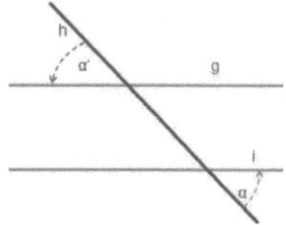

Winkel messen

Um einen entsprechenden Winkel messen zu können, wird in der Regel ein Geodreieck verwendet.

Zum Messen bzw. Zeichnen eines Winkels gibt es mehrere Möglichkeiten, welche kurz vorgestellt werden. Zum einen die dynamische Mess-, Zeichenmethode. Hierbei wird das Geodreieck zunächst an einen Schenkel angelegt.

Der Nullpunkt des Geodreieckes und der Scheitelpunkt überlappen sich hierbei. Anschließend wird das Geodreieck um den Scheitel bis zum Winkelmaß auf der Skala am ersten Schenkel gedreht bzw. bis die Kante des Geodreiecks auf dem zweiten Schenkel liegt. Anschließend lässt sich der Winkel ablesen bzw. der zweite Schenkel zeichnen.

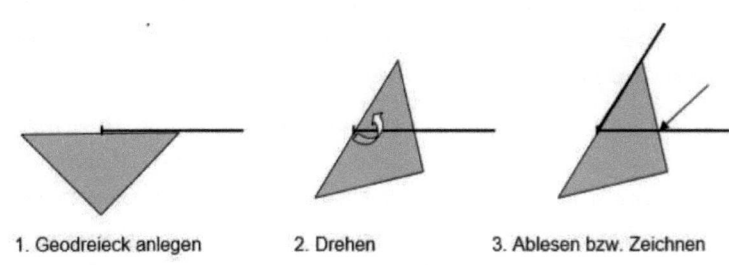

| 1. Geodreieck anlegen | 2. Drehen | 3. Ablesen bzw. Zeichnen |

Bei der statischen Zeichnung bzw. Messung wird das Geodreieck oberhalb des Schenkels mit dem Nullpunkt am Scheitelpunkt positioniert und nun der Winkel mithilfe der Winkelskala abgelesen bzw. für die Zeichnung des zweiten Schenkels markiert.

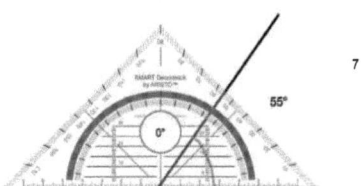

7

Methodisch-didaktische Entscheidungen zur Einheit

Die Fachanforderungen für das Fach Mathematik[8] sehen für die 5. und 6. Klassenstufe ebenso wie das schulinterne Fachcurriculum der Regionalschule Jawaharlal-Nehru das Thema „Kreis und Winkel" vor. Eine genaue Zuordnung erfolgt in den Bereich der Leitidee *Messen* und der Leitidee *Raum und Form*.

Hierzu sind bestimmte Kenntnisse sowie fachliche Anforderungen der Messung, Schätzung und Zeichnung der Winkel und der Größen an die SuS zu beachten.

Die Einführung des Winkelbegriffes kann über den statischen und dynamischen Winkelbegriff erfolgen, der sachgerechte Umgang mit dem Geodreieck zum Messen und Zeichnen der Objekte ist in diesem Bereich ebenso immanent. Eine weitere Einordnung erfolgt im Bereich der Leitidee *Raum und Form*.

---

[6] S.Krauter. 2008.Beiträge zur Methodik und Didaktik des Geometrieunterrichts in der Sekundarstufe 1, Pädagogische Hochschule Ludwigsburg.
[7] https://www.moodletreff.de/mod/page/view.php?id=12519 (Letzter Aufruf 01.04.2020)
[10] Ministerium für Bildung, Wissenschaft und Kultur MV, Rahmenplan Mathematik 5-6, 2010, S. 13 ff.

In diesem Bereich wird die Beschreibung der geometrischen Begriffe in ebenen und räumlichen Situationen eingeordnet. Die SuS sollen hierbei ihre Kenntnisse über die Eigenschaften von Figuren und Körpern ergänzen und vertiefen.

Winkel treten in unterschiedlichen Formen, sei es in Mustern, in spitzen oder stumpfen Gegenständen und im täglichen Leben der Schüler auf. In vielerlei Hinsicht finden Winkel unbewusst die Beachtung der Schüler. Bereits das Schließen von mehr oder weniger weit geöffneten Türen lässt die Schüler mit Winkeln in Berührung kommen. Zusätzlich sind Winkel in der alltäglichen Kommunikation ein fester Bestandteil. Eine verwinkelte Gasse, ein geschickter Winkelzug und das angewinkelte oder gestreckte Bein gehören zum gewohnten Sprachgebrauch der Schüler.

Diesbezüglich ist es wichtig, dass die Schüler eine Grundvorstellung von Winkeln erhalten. Das Verständnis für Winkelgrößen, deren Abschätzung und ihre Benennung zu fördern und zu erweitern, ist notwendig. So wird diese Kompetenz gerade im Handwerk als elementar betrachtet.

Winkel und das prinzipielle Verständnis einfacher geometrischer Konstruktionen dienen als Grundgerüst für viele mathematische Bereiche. Sie bilden unter anderem das Fundament für die Ermittlung von Streckenlängen mithilfe von Winkelsätzen in Figuren und Körpern.

Außerdem liefern Winkel eine wesentliche Grundlage für das Verständnis des umfangreichen Themengebiets der Geometrie. Die Relevanz dieses Thema wird damit deutlich. Beim Aufbau der Einheit wurde sich an der EIS-Methode orientiert.[9]

Die jeweiligen Anfangsbuchstaben stehen für die Bezeichnung. Die enaktive Ebene ist Bestandteil der haptischen erfahrbaren Wirklichkeit, zu welcher Handlungsschemata erlernbar sind. Beispielsweise kann eine komplexe Handlung mit vielen Handlungen durchgeführt werden, ohne das mit Bildern oder mit Schrift gelehrt werden muss. Beispielsweise das Messen von Winkeln im Klassenraum.

Die ikonische Ebene umfasst bildliche und grafische Darstellungen oder auch „geistig vorgestellte" Bilder. Sachverhalte werden hier durch die Art und die Komposition der Elemente nur für das (geistige) Auge wahrnehmbar dargestellt.

---

[9] Vgl. Zech. 2002, Grundkurs Mathematikdidaktik: Theoretische und praktische Anleitung für das Lehren und Lernen von Mathematik. Weinheim: Belt Verlag., S.117 ff.

„Bilder können [...] dazu verwendet werden, Zustände, Handlungen oder – in symbolischer Weise- Beziehungen darzustellen."[10]

Die dritte Ebene ist die symbolische Ebene. Sie umfasst Symbole und Regelsysteme wie etwa das schriftliche Rechnen und erfordert wegen des hohen Abstraktionsgrades eine Vorerfahrung in den anderen beiden Ebenen. Die SuS bringen aus ihren unterschiedlichen Lebenserfahrungen bereits unterschiedliche Vorerfahrungen in der enaktiven und ikonischen Ebene mit, daher benötigen sie unterschiedliche Zeit, um auf die dritte Ebene vordringen zu können.

Zu Beginn der Einheit soll zunächst im Plenum auf die Grundvorstellungen der SuS eingegangen und ihr Vorwissen aktiviert werden. Dies dient der Motivation für den kommenden Inhalt. Mithilfe einer alltagsnahen Frage (Welcher Stift ist spitzer?) wird zunächst auf das neue Themengebiet eingestimmt. Hierbei wird zum einen auf eine ikonische Darstellung als auch für die schwächeren SuS auf eine haptische Darstellung, der greifbare, vergleichbare Stift, zurückgegriffen.

Mithilfe verschiedener Schülerantworten kann anschließend eine gemeinsame Definition eines Winkels erarbeitet werden. [11] Dies wird Zwecks Sicherung von allen SuS übernommen und dient als Ausgangsbasis für die nächsten Stunden. Eine gemeinsame Basis zu schaffen ist gerade in der fünften Klasse elementar, da in dieser Klassenstufe SuS aus verschiedenen Grundschulen zusammentreffen und unterschiedliche Voraussetzungen gegeben sind. Anderseits hilft es der LK abschätzen zu können auf welche Fertigkeiten zurückgegriffen werden kann.

So sollten alle SuS mit Übergang auf die Regionalschule befähigt sein (rechte) Winkel zu erkennen und sicher im Umgang mit mathematischen Hilfsmitteln (Geodreieck) sein. [12] Dies ist jedoch nicht immer sichergestellt.

Der den SuS bekannte rechte Winkel wird zur Wiederholung gezeigt. Zusätzlich wird dieser zur Wiederholung und zur Schaffung einer gemeinsamen Basis kurz definiert und von den SuS übernommen, ggf. greift dies auf das Vorwissen der SuS zurück.

---

[10] Bruner, Jerome S.; Oliver, Rose R. und Greenfield, Patricia M.1971, Studien zur kognitiven Entwicklung. Stuttgart: Ernst Klett Verlag. S. 29ff.

[11] Siehe Anhang: Teil 1

[12] Ministerium für Bildung, Wissenschaft und Kultur MV, Rahmenplan Mathematik 1-4. 2010, 26 ff.

Da es in den kommenden Stunden vermehrt um die Handhabung des Geodreieckes geht, wird dies anschließend näher betrachtet. Dessen Aufbau, dessen Einsatzmöglichkeiten und Handhabung besprochen und eingeübt. Dies geschieht im Klassenverband über ein Lernvideo[13] und verschiedenen praktischen Übungsaufgaben. Der Einsatz eines Lernvideo hat den Vorteil, dass die SuS dieses Lernformat schon kennen und gleichzeitig der Inhalt von der Lehrperson gelöst wird. Zudem der Inhalt sehr schülergerecht dargestellt wird und die SuS das Video ggf. Zuhause nochmal ansehen können. Das Lernvideo umfasst gleich zu Beginn verschiedene Elemente des Zeichnens und des Messens. Dies hat somit zur Folge, dass Inhalte schon vorweggenommen bzw. angeschnitten werden, welche erst später intensiver behandelt werden. Jedoch stehen hierbei für das aktuelle Themenfeld wichtige Kompetenzen, wie das Winkelmessen und Winkelzeichnen auch grundlegende Kompetenzen im Umgang mit dem Geodreieck (Zeichnen und Messen einer Strecke, Zeichnen einer Parallele etc.) im Fokus. Diese werden jedoch nicht einzeln und somit losgelöst behandelt, sondern im Verbund. Gerade die intensive Beschäftigung mit dem Geodreieck beim Messvorgang ist besonders wichtig. Der Aufbau des Geodreieckes bereitet hier besondere Schwierigkeiten, da das Geodreieck in seinem Aufbau die SuS verwirren kann. Durch die verschiedenen Skalen wird zunächst nicht ersichtlich, welche zum richtigen Messen des Winkels genutzt werden sollte. Die statische und die dynamische Messmethode sollten hier parallel gezeigt und eingeübt werden. Die dynamische Messmethode verdeutlicht den Drehvorgang, der dem Entstehen von Winkeln zugrunde liegt. Zudem minimiert dieser Fehler durch Verwechselung der beiden gegenläufigen Skalen auf dem Geodreieck. Ein Nachteil dieser Methode findet sich jedoch bei der Messung von Winkel größer als 180°. Hierfür ist immer ein zusätzlicher Arbeitsschritt zur Markierung des Winkels und zum Zeichen des Schenkels notwendig. Zudem zeigen sich Schwierigkeiten bei der Durchführung mit dem Geodreieck.

„Das Festhalten bzw. Fixieren des Scheitelpunktes bei der Drehung ist mit dem herkömmlichen Geodreieck ohne die Möglichkeit zum Fixieren des Drehzentrums schwierig zu bewerkstelligen und kann zu Mess- und Zeichenfehlern führen".[14]

---

[13] Lernvideo auf YouTube: Lehrer Schmidt: Geodreieck – richtiger Umgang, https://www.youtube.com/watch?v=IIS03WYDC5U&t=127s

[14] Dohrmann C., Kuzle A. 2015, Winkel in der Sekundarstufe I – Schülervorstellungen erforschen. In: Ludwig M., Filler A., Lambert A. (eds) Geometrie zwischen Grundbegriffen und Grundvorstellungen. Wiesbaden: Springer Spektrum,S 35 ff.

Die statische Methode bietet den Vorteil, dass der vorgegebene Schenkel nicht verlängert werden muss. Ein Nachteil ist jedoch, dass beim Zeichnen von Winkeln auf jeden Fall zwei Arbeitsschritte notwendig werden.

Zudem ist die Gefahr der Verwechselung der beiden entgegenläufigen Skalen gegeben.[15] Aus diesem Grund wurde sich für die dynamische Methode gewählt. Sollte diese jedoch größere Schwierigkeiten für die SuS bereiten, wird als Alternative auf die andere Methode gewechselt.

Zusammenfassend lässt sich sagen, dass beide Methoden ihren eigenen Charakter und gewisse Vor- bzw. Nachteile besitzen. So bringt die dynamische Methode („Drehwinkelmethode") bei jedem Vorgang die beiden Winkelaspekte Drehung und Winkelfeld (begrenzt durch die beiden Schenkel) verstärkt zum Ausdruck. Wobei die statische Methode (Anlegen und Abmessen) überwiegend den statischen Aspekt (der Winkel als Figur) betont.

Im nächsten Abschnitt der Unterrichtseinheit sollen die SuS die verschiedenen Winkelarten kennenlernen und diese sicher benennen bzw. unterscheiden können.

Hierzu wird zunächst auf ein Koordinatensystem zurückgegriffen, mithilfe dessen die verschiedenen Winkel gemessen werden. Dies ist eine Reaktivierung des Inhaltes der letzten Stunde (Umgang mit dem Geodreieck inklusive Lernvideo) und offenbart ggf. das Vorwissen einzelner SuS. Anschließend werden die einzelnen Winkelarten definiert und durch die SuS übernommen. In der anschließenden Phase sortieren die SuS den verschiedenen Winkelarten das entsprechende Bild (Winkeldomino) zu.[16]

Das Dominospiel ist den SuS bekannt und wurde auch schon für andere Unterrichtsinhalte verwendet. Der spielerische Charakter fördert die Motivation der SuS und stärkt beim gemeinsamen Spielen die Sozialkompetenz.

Zudem wird immer wieder auf die zuvor gefertigten Aufzeichnungen zurückgegriffen und somit den Inhalt verfestigt.

Zur Differenzierung für leistungsstärkere SuS sind bei einer Variante die Winkelbögen nicht miteingezeichnet, außerdem wurde der zuvor nicht definierte „Nullwinkel" mitaufgenommen.

---

[9] Vgl. Dohrmann C., Kuzle A. 2015, Winkel in der Sekundarstufe I – Schülervorstellungen erforschen. In: Ludwig M., Filler A., Lambert A. (eds) Geometrie zwischen Grundbegriffen und Grundvorstellungen. Wiesbaden: Springer Spektrum,S 35 ff.
[16] Siehe Anhang

Für die anderen SuS wurde der Winkelbogen eingezeichnet und der jeweilige Geltungsbereich genauer definiert.

In der darauffolgenden Stunde wird mit der Erstellung einer eigenen Winkelscheibe neben haptischen Fähigkeiten auch die intrinsische Motivation der SuS für das Thema gefördert.

Nachdem die Winkelscheibe erstellt wurde, sollen die SuS bekannte Winkel darstellen und so den Umgang mit der Winkelscheibe erlernen. Hierbei wird der haptische Umgang geschult, indem die SuS zunächst einen Winkel schätzen und anschließend einstellen bzw. Ihre Winkelscheibe entsprechend drehen müssen. Nun verbindet der SuS einen bestimmten Winkel mit einem konkretem Bild (optischer Lerntyp). Der anschließende Arbeitsauftrag, bei dem ein Winkel gezeichnet, geschätzt und gemessen werden soll, verbindet Inhalte aus dem Lernvideo und nimmt somit Inhalte zunächst vorweg. Dies ist nicht ohne Risiko der Überforderung, sodass dieser Inhalt je nach Verlauf der Einheit und dem jeweiligen Vorwissen der Lerngruppe auch an anderer Stelle durchgeführt werden kann.

Im nächsten Abschnitt sollen die SuS das Messen mit dem Geodreieck erlernen bzw. dies intensivieren. Da es hierbei sehr oft zu Schwierigkeiten kommt (innere oder äußere Skala) wird den SuS zunächst nur ein Weg der Winkelmessen beigebracht (dynamische Methode). Somit ist sichergestellt, dass alle SuS zumindest eine Methode sicher beherrschen. Da davon auszugehen ist, dass die (statische) Methode teilweise auch schon bekannt ist, wird diese auch kurz ausgeführt und präsentiert. Somit haben die SuS verschiedene Methoden kennengelernt und können selbst wählen. Aufgrund der zuvor benannten Gründe wird jedoch die dynamische Methode Favorisiert. Bei beiden Messmethoden wird die Bedeutung des Nullpunktes intensiv behandelt, da diesem eine besondere Bedeutung zukommt. Anschließend sollen die SuS verschiedene Winkel messen und so den Umgang mit dem Geodreieck verinnerlichen.

Hierzu wird aus Gründen der Wirtschaftlichkeit auf Aufgaben aus dem Mathebuch zurückgegriffen und keine eigenen Arbeitsbögen entwickelt. Dies wäre aus Gründen der besseren Differenzierung jedoch möglich. In der nächsten Stunde steht das Zeichnen von Winkeln im Fokus.

Da das Zeichnen und Messen von Winkeln in ihrer Handlung sehr ähnlich sind und dies teilweise schon in den vorherigen Stunden angeschnitten wurde, ist zumindest bei Winkeln kleiner als 180° nicht von größeren Schwierigkeiten auszugehen. Diese sollten nach einer kurzen Einführung in die verschiedenen Methoden darstellbar sein. Die Einführung erfolgt durch die SuS.

Hierzu entnehmen die SuS zunächst einem Text und der dazugehörigen Zeichnung Informationen zu den Handlungsschritten und geben diese in eigenen Worten wieder. Beide Varianten werden durch SuS präsentiert und anschließend an der Tafel vorgeführt, sodass die kognitive Erklärung der Handlungsschritte auch mit einer beispielhaften Handlung verknüpft wird.

Bei Winkeln größer als 180° besteht die Schwierigkeit darin, dass diese ohne Hilfskonstruktion mit dem Geodreieck nicht darstellbar sind. Somit muss zunächst ein 180° Winkel konstruiert werden zudem der fehlende Anteil hinzugefügt wird. Dies wird ggf. durch die LK anhand eines Beispiels erläutert. Am Ende der Stunde präsentieren einzelne SuS ihre Konstruktionen. Dies geschieht entweder mit Hilfe der Dokumentenkamera oder analog an der Tafel. So findet eine Würdigung der Ergebnisse statt und einzelne SuS haben nochmals die Möglichkeit Nachfragen zu stellen.

Methodisch-didaktische Entscheidungen zur konkreten Stunde

In dieser Stunde erfolgt der Einstieg mithilfe der Winkelscheiben. Hierbei sagt die LK verschiedene niederschwellige Gradzahlen und lässt diese mit Hilfe von Winkelscheiben darstellen. Somit wird den SuS das übergeordnete Themenfeld der Stunde offenbart und Inhalte der letzten Unterrichtsstunden wiederholt. Außerdem werden so eventuelle Schwierigkeiten beim Schätzen eines Winkels deutlich. Die kurze handlungsorientierte Wiederholung soll die SuS motivieren und Vorwissen aktivieren.

Beim ganzheitlichen Lernen werden die unterschiedlichen Lerneingangskanäle und Lerntypen beachtet[17], daher werden die SuS zum Mitmachen aufgefordert, so dass sie visuell und handelnd den Lerninhalt erleben. Die SuS erfahren durch den Energizer eine Steigerung ihrer Konzentration und eine Aktivierung ihrer Energie.

Anschließend bekommen die SuS eine Stationsübersicht[18], welche den SuS in der Form und Aufbau bekannt ist. Den SuS wird durch verschiedene Lernstationen ein vielfältiges Angebot an Aufgaben angeboten, sodass ein Lernen mit allen Sinnen ermöglicht wird. Hierbei soll der zuvor behandelte Unterrichtsinhalt wieder aufgegriffen werden und ein vertiefendes, individuelles Üben ermöglicht werden.

Die Auswahl und Bearbeitung der Aufgaben, einschließlich der Kontrolle und Korrektur, erfolgt dabei weitergehend selbstständig und eigenverantwortlich.

---

[17]Vgl.T. Leuders.2003. Mathematik Didaktik, Praxishandbuch für die Sekundarstufe I und II, Berlin: Cornelsen. S. 186
[18] Siehe Anhang

Hierzu gleichen die SuS ihre Ergebnisse mit ausliegenden Musterlösungen ab. Diese befinden sich an der Rückseite der Tafel und sind je nach Station farblich unterschiedlich gehalten. Womit eine schnelle Orientierung gewährleistet ist. Die SuS sind angehalten aktiv ihre Ergebnisse zu vergleichen. Gleichzeitig haben die SuS beim Abgleichen die Möglichkeit sich kurz auszutauschen und mögliche Schwierigkeiten im Zwiegespräch zu klären.

Diese Unterrichtsform der Lerntheke ist am sinnvollsten, wenn der Unterrichtsgegenstand so aufbereitet ist, dass er auf verschiedenen Wegen ganzheitlich erschlossen werden kann. Insbesondere bei der Gestaltung und Auswahl der Lerninhalte wurde darauf geachtet, dass diese einen spielerischen und leicht zugänglichen Charakter haben, altersgerecht gestaltet sind und so zum Arbeiten anregen.

Ziel ist es, möglichst viele Lernkanäle zu aktivieren, um so unterschiedlichen Lerntypen gerecht zu werden. Hierfür ist es unabdingbar den Lerngegenstand ikonisch, enaktiv und symbolisch erfassbar zu machen.[19]

Vor Beginn der Arbeitsphase werden die Regeln für die Freiarbeit besprochen, gleichzeitig wird auf die Hilfestation hingewiesen. Somit sind die Regeln und die Möglichkeiten der Hilfe allen SuS transparent dargelegt. Die SuS sitzen für die Arbeit an der Lerntheke an Gruppentischen.

Ein Vorteil der Arbeit in Gruppentischen ist, dass mögliche Schwierigkeiten schon innerhalb der Tischgruppe gelöst werden können und Aufgaben in PA[20] so leichter durchgeführt werden können. Zudem hat die LK mehr Zeit für intensivere Betreuung oder Beobachtungen. Die LK fordert anschließend einzelne Gruppentische auf sich einen Überblick über die verschiedenen Angebote zu verschaffen und mit einer Aufgabe zu beginnen. Grundsätzlich muss das Arbeiten an Gruppentischen eingeübt werden und Regeln verinnerlicht werden um eine produktive Arbeitsatmosphäre zu schaffen. Haben einzelne SuS hierbei Schwierigkeiten werden diese als letzte Konsequenz an Einzeltische verbracht.

Das Heranführen an die verschiedenen Lernangebote hat den Vorteil, dass einzelne SuS die nötige Ruhe haben sich einen Überblick zu verschaffen und ein mögliches Gedränge vermieden wird.

---

[19] Vgl. T.Leuders.2003. Mathematik Didaktik, Praxishandbuch für die Sekundarstufe I und II, Berlin: Cornelsen. S. 189.
[20] Partnerarbeit

In der Erarbeitungsphase wird differenziertes Material zum Schätzen, Benennen und Messen von Winkeln bereitgestellt.

Das Material wird wahlweise in Einzel- oder Partnerarbeit von den SuS bearbeitet, um indirekt auch die Sozialkompetenz zu schulen.[21] Die Stationen decken verschiedene Schwierigkeitsniveaus ab. So fördert der vertiefende Charakter dieser Lerntheke, nicht nur lernschwächere SuS sondern fordert auch leistungsstarke SuS.[22]

Dabei sind die Arbeitsaufträge möglichst einfach und eindeutig gehalten. Sollten einzelne SuS dennoch Nachfragen haben, kommen diese zu der Hilfestation. An dieser werden durch die LK einzelne Nachfragen aufgegriffen. Das Erkennen von Schwierigkeiten und das selbstständige Nachfragen ist eine essentielle Kompetenz, die es gerade bei schwächeren SuS aktiv zu fördern gilt. Die SuS bearbeiten die Aufgabenstellung möglichst selbstständig, lernen vielschichtig und in ihrem eigenen Tempo. Die SuS lernen bei dieser selbstständigen Einteilung der Bearbeitung der Arbeitsbögen, Verantwortung zu übernehmen und Vertrauen in ihre eigenen Fähigkeiten zu entwickeln. Das Lernen an Stationen fördert zum einen die gemeinsame Lernaktivität und zum anderen das eigenständige Probieren, Entdecken und Erleben im individuellen Leistungsbereich. Die Methode erhöht das Engagement und die Motivation der SuS und die Abwechselung im Unterrichtsverlauf, außerdem steigert der Aufgabenwechsel innerhalb der Methode die Aufmerksamkeit der Lernenden. Die Materialien sind vielseitig gestaltet. Sie weisen teilweise einen spielerischen Charakter auf, um die SuS für den Lerninhalt zu begeistern. Ein Laufzettel hilft den SuS einen Überblick über die Stationen und ihren Leistungsstand zu erhalten. Dieser ist so angelegt, dass die SuS vor ihrer Selbstkontrolle mit Hilfe der Lösung an den jeweiligen Stationen ihre Kompetenzen in einem Raster einschätzen. Mithilfe dieser Kompetenzeintragungen erhalten einerseits die SuS einen Eindruck über ihre Stärken und Schwächen in den einzelnen Unterthemen und anderseits verschafft es der LK einen Leistungsüberblick, sodass aufgetretene Probleme erneut aufgegriffen und aufgearbeitet werden können. Mit Abschluss der Erarbeitungsphase sollen die SuS mittels Meldekette ein Feedback zur Stationsarbeit geben. Dies Feedback ist für die SuS ritualisiert und dient der Rückmeldung an die die LK bzw. der Klassengemeinschaft.

---

[21] Vgl. Ebd.
[22] Vgl. Ebd., S. 191

Mögliche Schwierigkeiten

Das Themenfeld der „Geometrie bzw. Winkel" ist für Lehrkräften oftmals mit gewissen Schwierigkeiten verbunden. Laut Erfahrungswerten anderer Kollegen, brauchen SuS oftmals sehr lange um den richtigen Umgang mit dem Geodreieck zu erlernen. Gerade beim Messen eines Winkels kommt es häufig zur Verwechselung der Skala. Beispielsweise wird ein 60° Winkel als 120° Winkel angeben. Folglich ist es sinnvoll bereits vor dem Messvorgang das Schätzen von Winkelmaßen zu üben, sodass die SuS ihre Messergebnisse kritisch betrachten und bei Bedarf selbstständig korrigieren können. Dies ist auch eine Schwierigkeit bei der Lerntheke, die einerseits zu Verwirrung und Frustration oder zu einem verstärkten Andrang der Hilfestation führen könnte. Weitere Schwierigkeiten können sich daraus ergeben, dass die SuS die Aufgabenstellung nicht richtig oder nur teilweise lesen und deshalb bei der Bearbeitung Schwierigkeiten haben. Diesem wird mit dem Verweis des vollständigen Lesens des Arbeitsauftrags zu Beginn der Stunde entgegengewirkt. Eine weitere Schwierigkeit ergibt sich dadurch, dass die SuS je nach eigenem Kenntnisstand entscheiden können mit welchem Thema und mit welcher Schwierigkeitsstufe sie arbeiten. So könnten einzelne SuS unter- oder überfordern.

Zusammenfassend lässt sich feststellen: schülerorientiertes Lernen an Station mithilfe offener Lernformen ist eine vielversprechende Unterrichtsmethode für den Mathematikunterricht. So wird ein hohes Maß an Schülerorientierung gewährleistet, gleichzeitig fördert es in besonderer Weise das ganzheitliche, selbstständige Lernen und ermöglicht eine schülergerechte Binnendifferenzierung.[23]

Schwierigkeiten oder auch Herausforderungen liegen für den häufigen Unterrichtseinsatz in der äußerst aufwendigen Erstellung der einzelnen Stationen und den organisatorischen Problemen. Sei es das Finden eines geeigneten Raumes oder der teilweise zeitaufwendige Aufbau der Lerntheke/der Stationen.

---

[23] Vgl. T.Leuders.2003. Mathematik Didaktik, Praxishandbuch für die Sekundarstufe I und II, Berlin: Cornelsen. S.193 ff.

Verwarnliste

Datum:

Name	Privatgespräche (Lautstärke)	Vom Unterricht abgelenkt	Gesprächsregeln	Aufstehen

Belohnung: Kein Strich bedeutet 5 Min Spielzeit

Anrufe bei :

Zeit	Unterrichtsphase	Unterrichtsgeschehen Geplantes Lehrerverhalten/erwartetes Schülerverhalten	Aktions- und Sozialform	Medien
Ca. 10 min	TÜ	LK lies TÜ vor. SuS notieren diese und berechnen diese. Anschließend vergleichen die SuS die Ergebnisse mittels Meldekette.	EA Plenum	TÜ-Heft
Ca. 5 min	Einstieg	LK präsentiert Darstellung und die Klasse welcher Stift spitzer ist.[24] SuS melden sich und benennen den Stift. LK stellt nachfrage wie man die „Spitzigkeit" misst. SuS überlegen und Antworten. LK offenbart das Thema „Winkel" und gibt Überblick über das Thema.	Plenum	Tafel ggf. DK[25]
Ca. 15 min	Hinführung I	LK definiert im Zusammenspiel mit den SuS eine Definition eines Winkels und entwickelt Tafelbild.[26] SuS übernehmen Tafel in ihr Heft. LK fragt nach bekannten Winkeln (ggf. Rechter Winkel) und entwickelt hierzu Tafelbild, welches übernommen wird.[27]	Plenum	Tafel, Kreide, Heft, Stift
Ca. 10 min	Erarbeitung	LK lässt Geodreiecke hervorholen. LK präsentiert Lernvideo.[28] LK und SuS besprechen die Bestandteile und die Funktion eines Geodreieckes.		PC Beamer Geodreieck
Ca. 5 min	Sicherung	LK gibt akustisches Signal. SuS verstummen. LK fordert mittels Meldekette ein Stundenfeedback ein.		

Stunde: 1.

Groblernziele: Die SuS sollen eine Definition eines Winkels verinnerlichen.

Feinlernziel: Die SuS sollen Informationen aus einem Lernvideo aufnehmen und diese anwenden.

---

[24] Siehe Anhang (mögliches Tafelbild)
[25] Abkürzung für Dokumentenkamera
[26] Siehe Anhang (mögliches Tafelbild)
[27] Siehe Anhang (mögliches Tafelbild)
[28] Lehrer Schmidt- Umgang mit dem Geodreieck (https://www.youtube.com/watch?v=E9IDJKo0oDc)

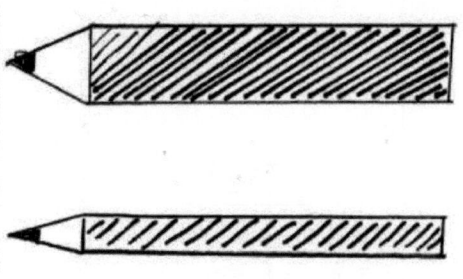

Winkel - Was ist das?

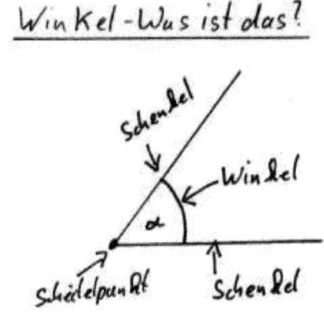

Schenkel

Winkel

α

Scheitelpunkt

Schenkel

Der Rechte Winkel

Schenkel

Winkel

Scheitelpunkt

Schenkel

Zwei Geraden oder
Strecken, welche sich
in einem Punkt senkrecht
zu einander sind,
bilden einen rechten
Winkel (⌐). Dieser
ist immer 90°.

Zeit	Unterrichtsphase	Unterrichtsgeschehen Geplantes Lehrerverhalten/erwartetes Schülerverhalten	Aktions- und Sozialform	Medien
Ca. 10 min	TÜ	LK lies TÜ vor. SuS notieren diese und berechnen diese. Anschließend vergleichen die SuS die Ergebnisse mittels Meldekette.	EA Plenum	TÜ-Heft
Ca. 5 min	Einstieg	LK gibt Überblick über die Stunde. Lässt Inhalte der letzten Stunde durch SuS wiederholen. LK präsentiert Bild eines Geodreieckes. SuS geben den Aufbau des Geodreieckes wieder. (Vorwissen/Lernvideo wird reaktiviert)	Plenum	
Ca. 15 min	Erarbeitung	LK verteilt AB. SuS wiederholen den Aufbau des Geodreieckes und SuS bearbeiten Aufgabe auf dem AB. (Differenzierung mithilfe der „Hilfe" auf der Rückseite.[29]). Einzelne SuS notieren ihre Ergebnisse auf Folie (Differenzierung)	Plenum	AB Stift Geodreieck
Ca.15 min	Sicherung	LK gibt akustisches Signal. SuS verstummen. LK lässt einzelne SuS ihre Ergebnisse präsentieren. LK fordert mittels Meldekette ein Stundenfeedback ein.	EA PA	AB

Stunde 2

Groblernziel: Die SuS sollen den Aufbau eines Geodreieckes verinnerlichen und erste Anwendungsaufgaben selbstständig bearbeiten.

Feinlernziel: Die SuS schulen ihre Kompetenz im Umgang mit dem Geodreieck.

---

[29] Siehe Anhang AB Stunde 1

Umgang mit dem Geodreieck

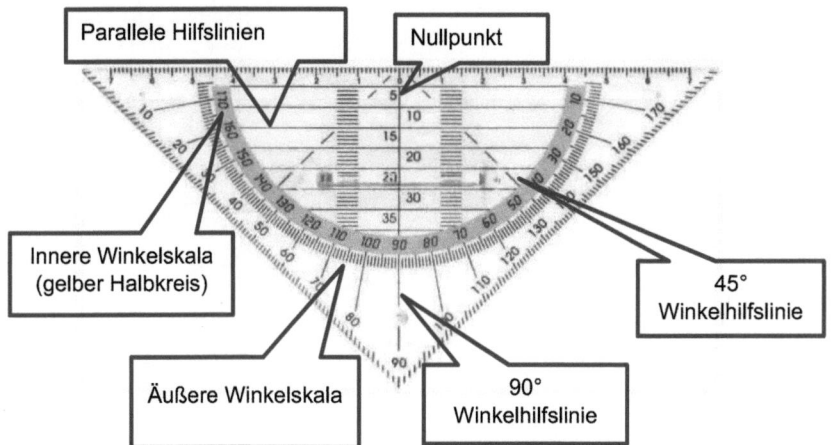

Folgende Begriffe müssen zugeordnet werden: 90° Winkelhilfslinie, 45° Winkelhilfslinie, Äußere Winkelskala, Innere Winkelskala (gelber Halbkreis), Parallele Hilfslinien, Nullpunkt

Aufgabe 1. Zeichne eine Strecke von 6 cm.

Aufgabe 2. Zeichne zu dieser Strecke eine Parallele, die 2 cm entfernt ist.

Aufgabe 3. Zeichne eine Senkrechte mit beliebiger Länger zu dieser Strecke.

Hilfe

Was ist eine Strecke:

Eine Strecke hat einen Anfangspunkt (A) und einen Endpunkt (B).

Was ist eine Parallele:

Zwei Geraden sind parallel, wenn sie sich nicht schneiden (der Abstand zueinander immer gleichbleibt).

b

a   1,5cm

1,5cm

Hier kann man den Abstand ablesen

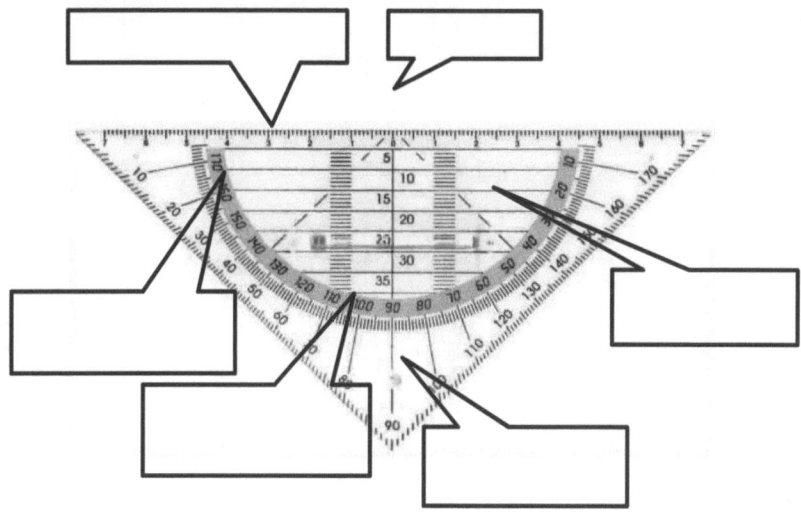

Zeit	Unterrichtsphase	Unterrichtsgeschehen Geplantes Lehrerverhalten/erwartetes Schülerverhalten	Aktions- und Sozialform	Medien
Ca. 5min	Begrüßung	LK begrüßt die SuS und gibt den Ablauf der Stunde bekannt. SuS legen Arbeitsmaterial bereit und schlagen Inhalt der letzten Stunde nach. LK erstellt Tafelbild. SuS wiederholen Definition eines Winkels.	Plenum	
Ca. 20 min	Einstieg	LK fordert SuS auf Winkel zu messen. (Rückgriff auf letzte Stunde bzw. Lernvideo). SuS messen abwechselnd Winkel, die LK ist ggf. unterstützend tätig. LK notiert Winkelarten an Tafel. LK lässt AB verteilen. SuS übernehmen Tafelbild.	UG	Tafel Heft Stift Geodreieck
Ca. 13 min	Erarbeitung	LK verteilt Briefumschläge und AB, erteilt AA. SuS wiederholen Arbeitsauftrag und beginnen mit diesem. SuS messen Winkel mit dem Geodreieck. LK beobachtet und ist bei einzelnen SuS unterstützend Tätig.	EA	Heft Schere Klebe
Ca. 5 min	Sicherung	LK gibt akustisches Signal und lässt HA notieren. SuS notieren ggf. HA.	Plenum	
Ca. 2 min	Rückmeldung	Die LK holt sich von der Klasse eine Rückmeldung zur Stunde und verabschiedet sich.	Plenum	

Stunde: 3

Grobernziel: Die SuS sollen die Winkelarten mithilfe ihrer Aufzeichnungen richtig zu sortieren.

Feinlernziel: Die SuS vertiefen ihre Kompetenz im Umgang mit dem Geodreieck (Winkel messen)

mögliches (fertiges) Tafelbild bzw. ausgefülltes AB

Zusammenfassung:

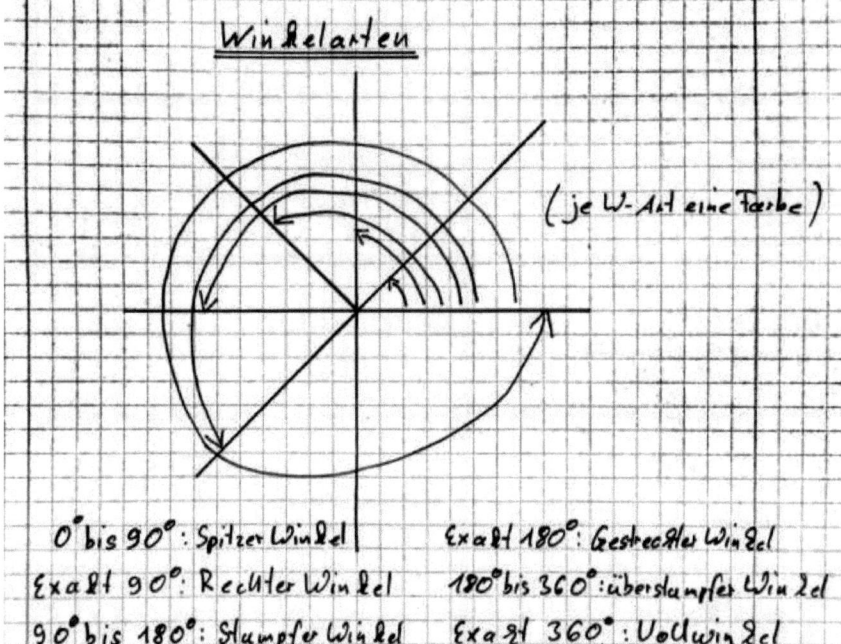

Winkelarten

(je W-Art eine Farbe)

$0°$ bis $90°$: Spitzer Winkel

Exakt $90°$: Rechter Winkel

$90°$ bis $180°$: Stumpfer Winkel

Exakt $180°$: Gestreckter Winkel

$180°$ bis $360°$: überstumpfer Winkel

Exakt $360°$: Vollwinkel

spitzer Winkel   stumpfer Winkel   überstumpfer Winkel

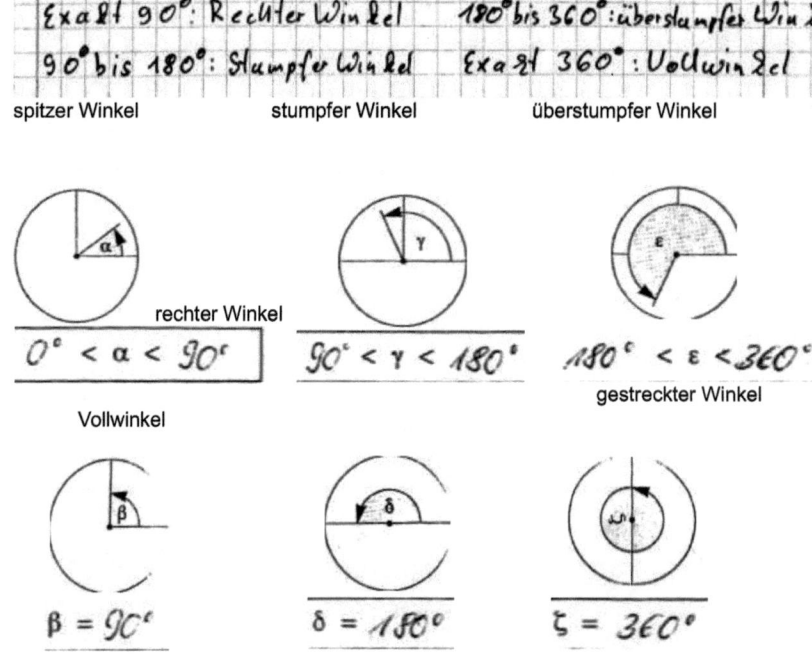

rechter Winkel

$0° < \alpha < 90°$ $90° < \gamma < 180°$ $180° < \varepsilon < 360°$

gestreckter Winkel

Vollwinkel

$\beta = 90°$ $\delta = 180°$ $\zeta = 360°$

STAR T	——	**Nullwinkel**	
spitzer Winkel 0° bis 90°		**rechter Winkel** Exakt 90°	
stumpfer Winkel 90° bis 180°	———	**gestreckter Winkel** Exakt 180°	
Überstumpf -er Winkel 180° bis 360°	——	**Vollwinkel** Exakt 360°	**Ende** Winkel ∡

STAR T	——	**Nullwinkel**	
spitzer Winkel 0° bis 90°		**rechter Winkel** Exakt 90°	
stumpfer Winkel 90° bis 180°		**gestreckter Winkel** Exakt 180°	
Überstumpf -er Winkel 180° bis 360°		**Vollwinkel** Exakt 360°	**Ende** Winkel ∡

START	———	**Nullwinkel**	∠
spitzer Winkel	∟	**rechter Winkel**	⌐
stumpfer Winkel	———	**gestreckter Winkel**	⟋
Überstumpf-er Winkel	———	**Vollwinkel**	**Ende** Winkel ∡

Vorgefertigte Kopien zum Ausscheiden als Hausaufgabe

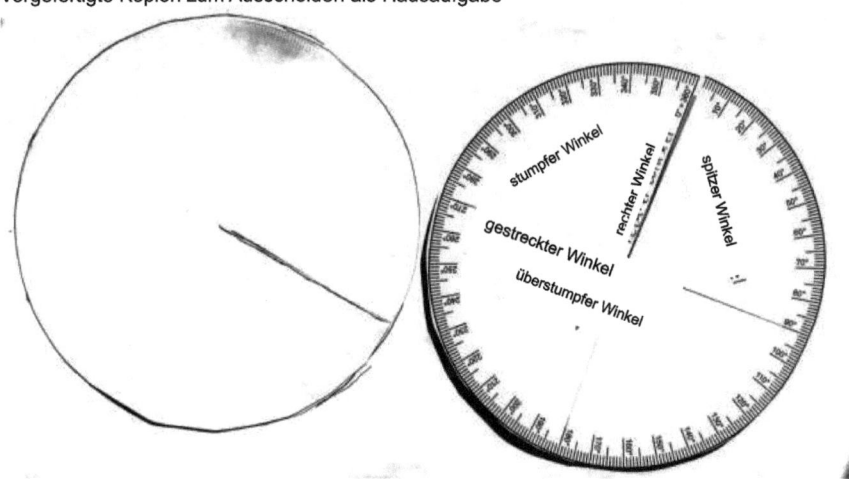

Zeit	Unterrichtsphase	Unterrichtsgeschehen Geplantes Lehrer-/Schülerverhalten	Aktions- und Sozialform	Medien
Ca. 10 min	TÜ	LK lässt Winkelscheiben hervorholen. SuS bauen Winkelscheibe. LK liest einzelne Winkelgrößen vor. SuS stellen diese auf ihrer Winkelscheibe dar.	Plenum bzw. EA	
Ca. 5 min	Einstieg	LK gibt Überblick über die Stunde und bittet zwei SuS an die Tafel.		
Ca. 8 min	Hinführung	LK klappt Tafel auf und lässt die Winkel schätzen/ Winkelart notieren. SuS vergleichen ihre Ergebnisse.	s.o.	Tafel
Ca. 17 min	Erarbeitung	LK lässt AB verteilen. SuS lesen wechselseitig den AA vor und erläutern diesen in eigenen Worten. SuS bilden dreier Gruppen und legen Material bereit. SuS zeichnen Winkel bzw. schätzen diese und nennen die Winkelart.	Kleingruppe	AB Stift Geodreieck
Ca. 5 min	Sicherung	LK beendet Arbeitsphase. LK bittet um Rückmeldung. SuS geben Rückmeldung.	Plenum	

Stunde: 4

Grobolernziel:

Die SuS sollen durch das Schätzen von Winkeln ein Gefühl für das Gradmaß entwickeln und das Messen und Zeichnen von Winkeln üben.

Feinlernziel:

Die SuS sollen einen sicheren Umgang mit Geodreieck erlernen, indem sie Winkel zeichnen und deren Gradmaße ablesen können.
Die SuS sollen ihre Kooperations- und Kommunikationskompetenz verbessern, indem sie in einer Partnerarbeit und im Unterrichtsgespräch miteinander arbeiten und sich ggf. helfen und unterstützen.

Aufgabe:

Spielt das Spiel mit 3 Personen. Ein Schüler zeichnet einen Winkel mit dem Geodreieck und benennt diesen. Die anderen beiden schätzen die Winkelgröße und benennen die Winkelart. Der Schätzwert und die Winkelart werden in die Tabelle eingetragen. Anschließend wird die Schätzung durch die Messung überprüft. Wer am besten geschätzt hat, erhält einen Punkt. Wer die passende Winkelart benannt hat erhält einen Punkt. Nun tauschen die Rollen. Der Gewinner zeichnet nun neue Winkel, die beiden anderen spielen weiter.

Name Spieler 1 _____

	Winkel 1	Winkel 2	Winkel 3	Winkel 4	Winkel 5
Schätzung					
Winkelart					
Punkt					

Name Spieler 2 _____

	Winkel 1	Winkel 2	Winkel 3	Winkel 4	Winkel 5
Schätzung					
Winkelart					
Punkt					

Name Spieler 3	Winkel 1	Winkel 2	Winkel 3	Winkel 4	Winkel 4	Winkel 5
Schätzung						
Winkelart						
Punkt						

Zeit	Unterrichtsphase	Unterrichtsgeschehen Geplantes Lehrer-/Schülerverhalten	Aktions- und Sozialform	Medien
Ca. 5 min	TÜ	LK begrüßt SuS und lässt Inhalt der letzten Stunde wiederholen. LK gibt Winkelgrößen an. SuS stellen diese mit Winkelscheibe dar und benennen Winkelart (Reaktivierung des Vorwissens).	Plenum bzw. EA	Winkelscheibe
Ca. 5 min	Einstieg	LK gibt Überblick über die Stunde. SuS schlagen Buch (Seite 127) auf und informieren sich über die Varianten bzgl. Winkel zeichnen.	EA/PA	Buch
Ca. 8 min	Hinführung	LK lässt SuS die verschiedenen Varianten an der Tafel vorstellen. LK beobachtet und gibt Hilfestellung. LK notiert AA an der Tafel, lässt diesen durch SuS vorlesen und in eigenen Worten wiedergeben. LK lässt einen SuS Beispiele an der Tafel zeichnen.	Plenum EA	Tafel Kreide Buch
Ca. 20 min	Erarbeitung	SuS beobachten und stellen Rückfragen. SuS bearbeiten die Aufgabe. LK beobachtet und gibt Hilfestellung (gerade bei den Winkeln größer als 180°) Differenzierung: Schnelle bearbeiten zudem Aufgabe 5	EA o.PA	Heft Geodreieck Stift
Ca. 7 min	Sicherung	LK gibt akustisches Signal. Einzelne SuS präsentieren ihre Ergebnisse. SuS geben Rückmeldung zur Stunde.	Plenum EA	Tafel Kreide Geodreieck

Stunde 5

Groblernziel: Die SuS sollen verschiedene Winkel mithilfe ihres Geodreieckes zeichnen.

Feinlernziel: Die SuS entnehmen einem Text Informationen und präsentieren diese bzw. wenden ihr Wissen an.

Die SuS vertiefen ihre Kompetenz im richtigen Umgang mit dem Geodreieck.

Mögliches Tafelbild

Variante 1

<u>Winkel messen und zeichnen</u>

Buch Seite 127 Nr. 4

a)

Variante 2

Zeit	Unterrichtsphase	Unterrichtsgeschehen Geplantes Lehrerverhalten/erwartetes Schülerverhalten	Aktions- und Sozialform	Medien
Ca. 5 min	Begrüßung	Die LK begrüßt die SuS. Die LK nennt verschiedene Gradzahlen und lässt diese mithilfe von Winkelscheiben darstellen. LK lässt Gradzahl und zugehörige Winkelart durch SuS vorlesen.	Plenum	Winkelscheibe
Ca. 5 mni	Einstieg	LK gibt einen Überblick über die Unterrichtsstunde. LK lässt Stationsübersicht verteilen und erklärt diesen. SuS wiederholen dies in eigenen Worten. LK lässt Verhaltensregeln bei der Freiarbeit durch die SuS wiederholen. Einzelne Schülergruppen verschaffen sich einen Überblick über das Material und Beginnen mit der Bearbeitung.	UG	
Ca. 28 min	Erarbeitung	Die SuS bearbeiten in EA/PA die Aufgaben an den unterschiedlichen Stationen. Die SuS schätzen, benennen und Messen die Winkel mithilfe der Materialien. Die SuS dokumentieren ihre erledigten Aufgaben auf dem Laufzettel. Dort bewerten sie ihre Kompetenzentwicklung und kontrollieren anschließend ihre Ergebnisse mithilfe der Lösungsbögen. Die LK leistet hierbei Hilfestellungen und unterstützt die SuS bei der Bearbeitung. Die LK beendet die Arbeitsphase. SuS legen Stationsmaterial zurück.	EA PA	Stationsmaterial Stift Heft
Ca. 7 min	Rückmeldung/Ve rabschiedung	Die LK holt sich von der Klasse eine Rückmeldung zur Stunde und verabschiedet sich.		

Stunde: 6

Groblernziel:

Die SuS sollen verschiedene Winkelarten benennen und erkennen, indem sie schätzen und mithilfe eines Geodreiecks messen

Die SuS sollen ihre eigenen Fähigkeiten einschätzen und in eine entsprechende Liste eintragen.

Feinlernziel:

Die SuS sollen ihre Fähigkeiten einschätzen umso eine passende Schwierigkeitsstufe der Aufgaben zu wählen und diese anschließend selbstständig kontrollieren.

Die SuS sollen ihre Sozialkompetenz schulen indem sie selbstständig mit einem Pater ihrer Wahl zusammenarbeiten.

Literaturverzeichnis

Bruner, Jerome S.; Oliver, Rose R. und Greenfield, Patricia M.1971, Studien zur kognitiven Entwicklung. Stuttgart: Ernst Klett Verlag.

Dohrmann C., Kuzle A. 2015, Winkel in der Sekundarstufe I – Schülervorstellungen erforschen. In: Ludwig M., Filler A., Lambert A. (eds) Geometrie zwischen Grundbegriffen und Grundvorstellungen. Wiesbaden: Springer Spektrum.

Ministerium für Bildung, Wissenschaft und Kultur MV, Rahmenplan Mathematik 5-6, 2010,Schwerin.

Ministerium für Bildung, Wissenschaft und Kultur MV, Rahmenplan Mathematik 1-4. 2010, Schwerin

S.Krauter. 2008.Beiträge zur Methodik und Didaktik des Geometrieunterrichts in der Sekundartstufe 1,Pädagogische Hochschule Ludwigsburg.

T.Leuders.2003. Mathematik Didaktik, Praxishandbuch für die Sekundarstufe I und II, Berlin: Cornelsen.

Zech. 2002, Grundkurs Mathematikdidaktik: Theoretische und praktische Anleitung für das Lehren und Lernen von Mathematik. Weinheim: Belt Verlag

Internetquelle bzw. Bildquellen

https://www.mathematik.de/algebra/168-erste-hilfe/geometrie/grundbegriffe/1523-winkel

https://www.mathematik-wissen.de/winkel.htm

BEI GRIN MACHT SICH IHR
WISSEN BEZAHLT

- Wir veröffentlichen Ihre Hausarbeit,
  Bachelor- und Masterarbeit

- Ihr eigenes eBook und Buch -
  weltweit in allen wichtigen Shops

- Verdienen Sie an jedem Verkauf

Jetzt bei www.GRIN.com hochladen
und kostenlos publizieren